BARREAU DE POITIERS

LES DROITS

DE LA

RECHERCHE SCIENTIFIQUE

DISCOURS

PRONONCÉ

A LA SEANCE SOLENNELLE DE LA REOUVERTURE DE LA CONFÉRENCE
DES AVOCATS STAGIAIRES

Le 18 Janvier 1902

PAR

M. DE ROUX

AVOCAT A LA COUR D'APPEL

Secrétaire de la Conférence

POITIERS

IMPRIMERIE BLAIS ET ROY

7, RUE VICTOR-HUGO, 7

1902

LES DROITS

DE LA

RECHERCHE SCIENTIFIQUE

DISCOURS

PRONONCÉ

A LA SÉANCE SOLENNELLE DE LA RÉOUVERTURE DE LA CONFÉRENCE
DES AVOCATS STAGIAIRES

Le 18 Janvier 1902

PAR

M. DE ROUX

AVOCAT A LA COUR D'APPEL

Secretaire de la Conférence

POITIERS

IMPRIMERIE BLAIS ET ROY

7, RUE VICTOR-HUGO, 7

—

1902

IMPRIMÉ AUX FRAIS DE L'ORDRE PAR DÉCISION DU CONSEIL

Aujourd'hui 18 janvier 1902, à deux heures, l'ordre des avocats à la Cour d'appel de Poitiers s'est réuni en robe, dans la salle d'audience de la première chambre de la Cour d'appel, pour assister à l'ouverture des Conférences des avocats stagiaires.

Étaient présents : MM. ARNAULT DE LA MÉNARDIÈRE, bâtonnier, président, PARENTEAU-DUBEUGNON, ORILLARD, DRUET, SÉCHET, BARBIER, anciens bâtonniers; MM. FAURE, MÉRINE, DUFOUR D'ASTAFORT, membres du Conseil de l'ordre ; MM. DE LEFFE, POULLE, ORILLARD, ROBAIN, LÉVRIER, LABONDE, MORAND, GUICHARD, AMELIN et LIGEOIX, avocats inscrits au tableau.

La barre est occupée par MM. les avocats stagiaires.

M. le Bâtonnier déclare ouverts les travaux de la Conférence, puis il donne la parole à M⁰ DE ROUX, qui lit une étude sur les *Droits de la recherche scientifique*, et à M⁰ DESMAREST, qui étudie *la Représentation des pauvres en matière de libéralités*.

Le Bâtonnier règle le service de la Conférence pour les séances ultérieures, puis la séance est levée à quatre heures.

LES DROITS

RECHERCHE SCIENTIFIQUE

Monsieur le Batonnier,

Messieurs,

Quels sont les droits de la recherche scientifique?

Si la science ne procédait que par raisonnement et spéculation, cette question n'aurait pas de lieu aujourd'hui, car
de toutes les formes de la liberté de penser il n'en est pas
qui paraisse plus absolue et soit moins contestée que la liberté de la science; la pensée du savant est si bien préser-
vée de toute entrave que ce serait peu de la dire libre: c'est
souveraine qu'il la faut appeler. Aucun dogme, aucune cer-
titude officielle ne s'impose à lui pour limiter l'audace de
ses méthodes ou de ses hypothèses. Si même quelque mal
sort de ce qu'il a cru vrai, la Société ne l'en rend point res-
ponsable : nul tribunal ne demandera à Adrien Sixte
compte de Robert Greslou.

Et pourtant, Messieurs, voici qu'en des cas qui paraissent se multiplier renaissent les conflits de l'intelligence
individuelle et de la loi générale.

La méthode expérimentale nous fait ces problèmes.

En effet, du moment que le savant institue une expérience, il passe de la pensée à l'action : il s'en aperçoit à peine ; conscient de poursuivre la même œuvre dans la spéculation où il construit son hypothèse et dans l'expérience qui la vérifie, il lui semble que son geste doit participer aux immunités de sa pensée.

Son laboratoire lui paraît un domaine aussi réservé que son cerveau. Dans les objets de ses expériences, il est tenté de ne voir que les signes matériels et sensibles de ses idées, quelque chose comme les chiffres qu'il trace et efface au tableau noir. Ce sont cependant des réalités sur lesquelles il opère, dans les sciences de la vie, des réalités vivantes, dans les sciences de l'humanité, des réalités humaines. Il n'est pas sans conséquence qu'il continue sur elles les jeux souverains de sa pensée irresponsable.

Mais certains esprits ne se préoccupent d'aucune conséquence et une doctrine répandue donne au chercheur tous les droits.

« Il existe aujourd'hui, dit M. Charles Maurras, un genre « de fanatisme scientifique qui menace d'être funeste à la « science ; il ferait tout sauter pour éprouver un explosif, « il perdrait un État pour tirer des archives ou mettre en « lumière un document intéressant (1). »

L'ordre public souffre de ces excès et je crois que la société a le devoir de s'en défendre ; mais les limites de ce droit sont plus difficiles à établir que son fondement. L'accroissement des connaissances importe trop pour qu'on limite arbitrairement les droits de la recherche, qui n'est

(1) Charles Maurras, *Trois idées politiques,* page 41. Paris, 1898.

féconde qu'à proportion qu'elle est libre. Nul n'entend revenir au temps où il était sacrilège de disséquer des cadavres pour tâcher de surprendre sur la mort les ressorts cachés de la vie. Il ne faudrait pas non plus tolérer les modernes alchimistes qui voudraient demander au sang humain le secret d'une nouvelle pierre philosophale.

Quel est donc le juste partage des droits de la libre recherche et des nécessités de l'ordre public? Vous savez, Messieurs, quelle ardente polémique se poursuit en ce moment même au sujet de la vivisection. Combien avons-nous vu de médecins illustres accusés de faire passer la curiosité de savoir avant le devoir de guérir? Le Théâtre et le Roman ont raconté des aventures de cet ordre et leurs auteurs ont passé pour n'en avoir pas imaginé le sujet. Naguère, dans un défi retentissant, un médecin offrait sa vie comme matière d'expérience à son adversaire. Celui-ci aurait-il eu le droit de l'accepter?

Je n'ai pas trouvé de théorie qui donne une réponse d'ensemble et satisfaisante à ces questions et qui soit propre à résoudre les difficultés nouvelles qui peuvent se présenter demain.

Je voudrais vous en soumettre un essai et, pour ramener la question à ses termes les plus précis, il me semble qu'on pourrait la poser ainsi:

A-t-on et doit-on avoir le droit de faire à titre d'expérience des actes qui, s'ils n'étaient pas des expériences, constitueraient des délits ou des crimes?

I

Les théoriciens qui tiennent pour le droit souverain du savant d'instituer toutes les expériences qu'il juge utiles ne se contentent pas de présenter leur opinion comme une thèse de philosophie législative, ils entendent qu'elle triomphe dès aujourd'hui devant les tribunaux et ils veulent la fonder sur les principes du droit actuel : pour eux, le but scientifique exclut l'intention criminelle, partant la pénalité.

Cette doctrine est manifestement inapplicable, tout le monde en convient, aux contraventions et aux délits contraventionnels : du moment que dans ces infractions l'intention n'est pas considérée, il n'importe en rien qu'elle soit d'ordre scientifique.

C'est ainsi qu'il a été jugé que des expériences sur un cadavre déjà inhumé constitueraient le délit contraventionnel de violation de sépulture, encore qu'elles n'impliquassent aucun outrage aux restes du défunt (1).

Pour reprendre les exemples de M. Maurras, si un document doit, aux termes de la loi, rester secret, la publication en sera toujours punissable, qu'elle soit le fait d'un érudit intempérant ou d'un journaliste indiscret.

Les règlements qui régissent la détention et la manipulation des explosifs s'imposent aux inventeurs comme aux commerçants. Le chimiste qui n'aurait pas entouré ses expériences des précautions nécessaires devrait être condamné

(1) C., 13 avril 1845, 3 oct. 1862 ; B., cr.

pour blessures ou homicide par imprudence, suivant la gravité des malheurs qu'il aurait causés. Il ne faut pas que les recherches les plus utiles tournent en fléau pour les voisins du chercheur : suivant l'amusante et juste boutade de Barrès, les chiens qu'inoculait M. Pasteur étaient fort précieux à l'humanité, mais, si on les avait laissés vaguer, ils auraient été singulièrement dangereux pour les passants de la rue d'Ulm.

Toutes ces solutions sont incontestées en ce qui touche les infractions non intentionnelles, mais dès lors que la loi s'attache à l'intention, comme elle fait pour les crimes et le grand nombre des délits, quelle intention mérite plus de faveur que celle du savant qui pratique une expérience ? Rien de plus légitime, de plus noble, de plus inconciliable avec l'intention criminelle.

L'argument est spécieux, mais il repose sur une fausse notion de l'intention criminelle; pour employer les termes de la théorie du consentement, elle n'est pas le motif, mais la cause, l'adhésion de la volonté à l'acte mauvais, le sachant tel. Peu importe qu'on ait des arrière-pensées excellentes et de bonnes intentions à paver tout l'enfer. L'intention criminelle pour un voleur ne consiste pas à méditer un mauvais usage de l'argent soustrait, mais à le prendre, connaissant qu'il ne lui appartient pas, fût-ce pour l'employer à des œuvres pieuses et à des fondations humanitaires.

Sans doute, et cela peut aider à la confusion, certains actes permis ou tolérés en eux-mêmes ne deviennent punissables que s'ils s'inspirent d'un motif particulièrement condamnable, — et c'est, à vrai dire, le motif plus que l'acte que la loi réprime. Ceux-là seront légitimés par un intérêt de recherche scientifique, mais, tant que la fin ne justifiera

*

pas les moyens, cette raison, pas plus que d'autres, ne pourra absoudre des actes condamnables en eux-mêmes.

L'application de ces principes est aisée.

Les excès de la vivisection soulèvent aujourd'hui des in-dignations fort vives : le Congrès international des Sociétés protectrices des animaux, tenu à Paris lors de la dernière Exposition, a donné le branle à cette campagne. Le 21 juillet un des plus ardents chevaliers de nos frères inférieurs, le D' Philippe Maréchal — le même qui arrêta la corrida de Dueuil en y sonnant de la trompe — dénonçait avec une élo-quence documentée les cruelles boucheries, les tortures compliquées auxquelles les animaux étaient soumis dans certains laboratoires. Et, les nerfs malades de ces horreurs longuement décrites, d'honnêtes personnes se sont de-mandé : A quoi donc sert la loi protectrice des animaux ? A rien, dans l'espèce. La loi Grammont a été votée par des hommes qui n'hésitaient pas à tuer les animaux pour leur utilité, qui les mutilaient pour les soumettre ou les engraisser, qui les mangeaient ; aussi n'a-t-elle point érigé en délit l'acte même de faire souffrir un animal.

Ce fait regrettable ne devient délictueux qu'autant qu'il est inutile et public ; la publicité sera rarement réalisée dans les laboratoires et l'expérience est évidemment constitutive de l'utilité que réclame la loi. En l'absence de dispositions semblables à celles de la loi anglaise du 11 août 1876, la vivisection est donc pleinement libre en France.

Mais si les blessures faites aux animaux ne sont répri-mées que quand elles constituent un jeu barbare, toute at-teinte à la personne humaine est punissable si elle n'est pas justifiée.

Les nécessités d'un traitement médical justifient précisément chaque jour l'administration de substances qui ne sont pas sans danger et des opérations qui peuvent entraîner des lésions graves, même la mort. Beaucoup de remèdes participent des maux qu'ils ont pour objet de guérir ; leur administration prudente n'engage pourtant pas la responsabilité du médecin, même si le succès trompe son attente : une faute lourde pourrait seulement le rendre coupable de blessure ou d'homicide par imprudence.

Il a même le droit, sous ce risque, d'essayer d'un remède nouveau qu'il a des raisons graves de croire efficace ou de tenter une opération jamais encore pratiquée, mais qui reste la meilleure chance de salut de son client. Plusieurs des plus précieuses découvertes de la médecine et de la chirurgie sont dues ainsi à un dernier effort tenté sur un malade désespéré. Si hardie que soit l'expérience, du moment qu'elle tend à la guérison du patient, qu'elle est faite dans son intérêt, son intention la justifie, et elle ne pourrait dans les pires hypothèses constituer que la blessure ou l'homicide par imprudence.

Mais, vous voyez, Messieurs, la tentation qui assiège alors les savants ; — plusieurs y succombent. Une opération est inutile au traitement, mais décisive comme expérience ; le devoir, l'honneur, la confiance du malade, tout la défend, mais si elle réussit, c'est la gloire et la fortune, et, pour les colorer, l'avancement de la science. Si on échoue, il suffira d'affirmer qu'elle était nécessaire au traitement ; qui prouvera le contraire ? On la pratique.

Il faut qu'aucun rapport n'existe entre l'opération tentée ou le remède administré et l'affection du malade ou encore que le médecin ait trahi par ailleurs ses intentions pour qu'on puisse appliquer à un tel acte les textes qui lui conviennent :

ceux qui répriment les blessures volontaires. Aussi les es-
pèces de jurisprudence sont-elles fort rares. Je n'en connais
qu'une qui soit vraiment spécifique.

C'est un jugement du tribunal de Lyon, en date du 15
décembre 1859 (1), rendu dans les circonstances suivantes.
A l'hospice de l'Antiquaille, un interne, du consentement du
chef de service, avait inoculé à un enfant de dix ans, atteint
de la teigne, du virus syphilitique pris sur un malade arrivé
à la période secondaire. Le but de l'expérience était de dé-
montrer qu'à cette période le virus ne communiquait plus
la maladie. L'expérience réussit : l'enfant ne fut pas conta-
miné ; mais l'interne qui s'était vanté de cette observation
dans sa thèse et le chef de service furent poursuivis et condamnés, légèrement, il est vrai, vu l'absence de préjudice
réel.

Ils avaient plaidé que leur but avait été de traiter la teigne par ce procédé inédit, mais cette prétention était condamnée d'avance par les termes dans lesquels l'interne ra-
contait l'expérience dans sa thèse.

Les accusés avaient trouvé des confrères pour les défendre, et encore aujourd'hui des auteurs comme le Dr Floquet et M. Lechopié (2) critiquent ce jugement de Lyon, en
reproduisant le sophisme que nous avons dénoncé sur l'intention criminelle. Il n'est pourtant pas de décision qui
mérite d'être plus approuvée et il est même grave de cons-
tater que, sur ce point, l'unanimité n'est pas faite dans le
monde médical.

(1) Trib. Lyon, 15 décembre 1859. D., 60, 4.
(2) A. Lechopié et Ch. Floquet, *Droit médical*, ou *Code de Médecine*
Paris, 1890, p. 212.

Nous ne demanderons pas aux indiscrétions des cliniques les autres exemples que la jurisprudence nous refuse : mais la littérature nous en offre plusieurs. Les expériences sur les malades sont un des griefs que M. Léon Daudet élève contre les « *Morticoles* » et une aventure de cet ordre fait tout l'objet d'un des chefs-d'œuvre de M. de Curel : « *la Nouvelle Idole* ».

Un chirurgien illustre, A. Donnat, a inoculé a une orpheline qu'il traitait pour une phtisie galopante le microbe du cancer. Au premier acte, Donnat est sous le coup de poursuites, mais Curel bannit rapidement cet élément d'intérêt étranger et, suivant sa manière forte et nue, le drame va se dérouler, tout intérieur. Un beau-frère de Donnat, député influent, étouffe l'affaire avec d'autant plus de facilité qu'il s'est fait à la tribune une spécialité de demander la lumière sur tous les scandales, et Donnat, délivré de ce souci, reste seul en présence de sa femme révoltée, de sa victime et de sa conscience.

Car c'est l'originalité de la pièce : Donnat est une conscience ; il n'a rien du Dʳ Bradilin des « *Morticoles* », lâche drôle et plat gueux, dit Léon Daudet, qui lui impute précisément la même expérience ; Donnat est une manière de héros qui a mille fois, au chevet des malades les plus pauvres, risqué une mort obscure.

« Lorsque, penché sur un pestiféré, je respire son poison, « je me sens plus noblement placé dans l'humanité qu'aux « heures où mes collègues de l'Institut acclament mes dé- « couvertes. »

Il expose fort éloquemment ses raisons.

« Le peu de science que je porte en moi je l'ai promené « dans ces salles malsaines et au contact de la Nouvelle

« Idole, pour employer ton expression, j'ai vu les moribonds
« revivre. Peu à peu a grandi dans mon cœur un fanatisme
« de prêtre. Pourquoi la science qui sauve tant de gens ne
« verrait-elle pas, privilège d'idole, les gens se faire écra-
« ser sous les roues de son char : elle est assez grande pour
« exiger cela.

« S'il est permis à un général de faire massacrer des ré-
« giments entiers pour l'honneur de la patrie, c'est un pré-
« jugé de contester à un grand savant le droit de sacrifier
« quelques existences pour une découverte sublime comme
« celle du vaccin de la rage ou de la diphtérie. — Le petit
« soldat frappé d'une balle qui râle au creux d'un sillon
« jusqu'à ce que des brancardiers le trouvent et l'achèvent
« pour le voler souffre d'autres tortures, et presque toujours
« pour une moins belle cause, que ce malade anesthésié
« dont les dernières heures habilement suivies conservent
« à la Société des millions d'individus. (1) »

On ne fait jamais si bien le mal, dit Pascal, que quand
on le fait par conscience : c'est ainsi que l'a fait Donnat.

D'ailleurs il était persuadé qu'Antoinette serait morte
longtemps avant d'avoir pu souffrir du mal qu'il lui avait
inoculé ; à peine aurait-il le temps d'en observer les pre-
miers symptômes ; elle était condamnée, elle ne pouvait être
sauvée que par un miracle et Donnat n'en avait jamais vu.
Mais Antoinette est une petite sainte qui ne souhaite de
guérir que pour se consacrer comme religieuse aux malades
et aux enfants, qui prie et boit de l'eau de Lourdes en ca-
chette : le miracle a lieu.

Et quand Donnat l'examine, il se convainc avec terreur

(1) Acte I, Sc. 6.

qu'elle est guérie de sa phtisie et que le cancer la ronge déjà.

Alors, toutes ses théories s'écroulent. Donnat se juge un assassin; il s'inocule le cancer à lui-même pour faire justice et à la fois pour se bien prouver qu'il n'a agi ni par ambition ni par vanité, mais par pure passion de science : c'est sur lui-même qu'il observera désormais la marche et le progrès de l'horrible mal, et il mourra pardonné et absous, presque justifié, car Antoinette lui révèle qu'elle a consenti, sans qu'il le sache, au sacrifice ; elle ne dormait point quand elle a été inoculée ; elle est heureuse de donner sa vie pour diminuer la souffrance humaine ; elle voulait être sœur de Charité « et donner sa vie aux malades en détail ; elle la « donne en gros; voilà tout ».

Aujourd'hui la vie imite souvent la fiction ; il semble que ce soit dans la *Nouvelle Idole* — le style de sa lettre en est visiblement inspiré — que M. le Dr Garnault ait puisé l'idée de s'offrir lui-même comme sujet d'expérience à Koch qui n'a du reste pas accepté.

Koch soutient que la tuberculose bovine n'est pas communicable à l'homme. M. Garnault est persuadé du contraire et il s'offrait à se faire inoculer pour prouver sa théorie par sa mort qui aurait dû suivre.

14 août.

Très honoré maître,

Je viens, dans la plénitude de ma conscience, m'offrir à vous servir de sujet à des inoculations de tuberculose bovine. Je suis disposé à croire que vous êtes dans l'erreur et suis convaincu que je serai inoculé. J'ai- quarante et un ans, je pèse plus de cent kilos, j'ai 1 m. 81, je suis de parfaite santé (vous pourrez d'ailleurs me soumettre au préalable à des inoculations de tuberculose), je n'ai pas d'enfants.

Dans les combats, des hommes de mentalité inférieure s'offrent par milliers à une mort inévitable. Bien que je ne sois pas de votre avis et que je considère mon inoculation comme probable, j'estime que, sur le champ de bataille de la vie sociale, un être conscient peut bien faire ce que tant d'autres font si facilement sur les vrais champs de bataille. Je me tiens à votre entière disposition, à Paris ou à Berlin, dans les conditions qu'il vous plaira.

Paul GARNAULT,

Docteur en médecine, docteur ès-sciences naturelles,
ex-chef des travaux d'anatomie comparée de la
faculté des sciences de Bordeaux.

Paris, 64, rue de Miromesnil.

Eh bien ! Messieurs, l'imagination de M. de Curel, le dévouement de M. Garnault, nous posent une dernière question : la plus belle, la plus délicate, la plus troublante que soulève notre matière.

Le consentement du sujet dans l'expérience dangereuse peut-il justifier celle-ci ?

Oui, sans doute, dit-on, puisque, au regard de la loi pénale, l'homme peut disposer de sa vie et que le suicide n'est pas réprimé. On oublie que si le suicide n'est pas puni, celui qui tue une personne sur l'invitation de celle-ci est parfaitement passible des peines du meurtre, car un consentement lui-même illicite ne peut justifier un acte condamnable.

Prenons garde d'ailleurs que si l'on admet le consentement il faut s'interdire d'en rechercher les motifs, admettre le consentement acheté ; s'il est permis de se prêter à une expérience mortelle, il n'y a pas de raison qu'on ne consente à se faire tuer tout net comme l'esclave que le grand Turc fit décapiter pour enseigner à Bellini l'anatomie des muscles du cou ou les condamnés alexandrins que les Ptolémées livraient à Hiérophile pour les ouvrir tout vivants.

Personne ne va jusque-là ; on invoque l'aléa que comportent les expériences les plus dangereuses, les chances de salut qu'elles laissent et l'on dit : Mais votre théorie va, elle aussi, à un résultat inacceptable, car elle interdit toute expérience, même consentie, si l'expérimentateur ne l'opère pas sur lui-même.

Non point et voici la distinction que nous proposons. L'homme a le droit de s'exposer aux plus graves dangers, quand il en a une raison suffisante ; et elle se rencontre ici, mais son consentement ne peut légitimer l'intention chez autrui de lui faire un mal considérable.

Ce mal est-il le but immédiat de l'expérience ? Quelle que soit d'ailleurs son intention, elle doit être interdite.

Le mal n'est-il qu'un risque de l'expérience ? Ce risque peut être couru.

Je m'explique par un exemple : un médecin persuadé de l'innocuité d'un sérum aura le droit de l'inoculer à des sujets sains et consentants avant de s'en servir comme remède et pour en vérifier précisément l'innocuité. C'était ce que Garnault proposait à Koch ; mais il n'aura jamais le droit d'instituer une expérience dont le but serait d'inoculer à un sujet une maladie grave : le consentement d'Antoinette n'innocente pas Donnat.

Qu'on ne dise pas la distinction subtile et sans intérêt.

Dans un cas, la réussite de l'expérience est le mal ; c'est peut-être la mort cherchée, voulue, enregistrée comme un triomphe : aucun consentement ne peut légitimer cela.

Dans l'autre cas, le but poursuivi est justement que le sujet de l'expérience n'en éprouve pas de mal ; la réputation

du médecin est attachée à cette issue heureuse ; sa
volonté va à un but louable par un moyen légitime dès
lors que le risque inévitable a été connu et consenti de celui qui le court.

II

Je ne dissimule pas qu'on peut aisément critiquer le détail des solutions que je propose ; je crois, du moins, que
dans son ensemble, cette théorie est conforme aux principes
du droit, conforme aussi aux principes de raison qui do-
minent la matière et que je voudrais maintenant dégager.

Il faut tout d'abord poser hors de conteste le droit pour
la loi pénale de réprimer les excès de l'expérimentation.
C'est un mysticisme intolérable et déraisonnable de récla-
mer au nom de la Science le droit de tout faire comme ab-
solu, inadmissible et, à vrai dire, divin.

Quiconque pense avec sang-froid et sans s'impression-
ner des majuscules, ne reconnaîtra pas aisément de droits
infinis et absolus à la science ou pour mieux dire aux sciences dont tout objet est fini et relatif. Si dans l'ordre de la
pensée on peut revendiquer pour elles, en les supposant in-
faillibles, les droits même de la vérité sur la raison de
l'homme, dans le domaine de l'action, où nous sommes,
encore un coup, quand il s'agit d'expériences, elles n'ont
d'autres droits que ceux qui se fondent sur leur utilité et
les avantages qu'elles nous promettent ; mais nous n'a-

-vons point de plus grand intérêt que le maintien de l'ordre -public, car il est la condition de tous les autres ; sans lui aucun n'est assuré ni paisible : les études du savant sont aussi compromises que les applications de son savoir, et comme on ne blesse point l'ordre en quelque endroit sans le compromettre tout, le savant, s'il est sage, ne revendiquera point le droit d'instituer des expériences qui le devraient troubler. « Puisque l'ordre public est la condition même des « progrès et de la durée de la science, dit M. Charles Maur- « ras, comment la science pourrait-elle hésiter à céder à « l'ordre public? On ne scie point la branche sur laquelle « on se trouve assis (1) ».

Mais par contre si nous reconnaissons à la loi mieux que le droit, le devoir rigoureux de ne rien céder de l'ordre public à la curiosité scientifique, c'est aussi le seul souci qu'elle doive garder vis-à-vis d'elle : quand elle réglemente et dispose, elle doit considérer toutes choses sous ce seul aspect et ne prétendre pas à défendre la morale quand l'ordre public n'y est pas immédiatement intéressé ni à comprendre mieux que les savants le véritable intérêt de la science.

Jugées sous cet aspect, à cette lumière, d'après ce critérium, les solutions que nous avons crues vraies en droit positif nous paraîtront aussi raisonnables et bonnes.

Que l'intention scientifique n'excuse aucune contravention, c'est l'application même de notre idée de l'ordre dans son domaine le plus modeste, mais le plus immédiat.

Que la vivisection même abusive ne soit pas punissable, cela encore est fondé en raison ; notre sensibilité s'émeut

(1) Charles Maurras, loc. cit.

en faveur de ces victimes plus que l'intérêt social ne souffre.

L'ordre public peut cependant être intéressé dans quelque mesure, car il n'est pas bon, toute raison de sensibilité mise à part, que l'on prenne des habitudes de cruauté sur des formes vivantes, les instincts ainsi développés se pourraient ensuite exercer sur d'autres objets.

On comprend donc que la loi réglemente la vivisection comme l'a fait le Parlement anglais par la loi du 11 août 1876, mais si le principe de ce bill est fort admissible, les détails donnent un bon modèle de ce que ne doit pas être la loi quand elle touche à ces délicates matières. La loi de 1876 défend, comme malsaine, toute publicité des expériences de vivisection, elle prescrit d'anesthésier les animaux et de les abattre aussitôt l'expérience finie, si elle est mortelle, sans les laisser traîner, comme on l'a vu dans trop de laboratoires, une lamentable agonie. Cela est bien. On peut encore admettre la nécessité, pour qui entend se livrer à ces expériences, de prendre une licence à condition que cette formalité administrative soit assez large pour n'écarter que les gens sans aveu, suspects d'en faire métier ; autrement, elle tendrait à constituer une science officielle : c'est le reproche que mérite la disposition d'un article suivant lequel on requiert pour des expériences particulièrement graves l'avis des savants patentés, comme des professeurs d'Université. Enfin, où la loi sort absolument de son rôle, c'est quand elle choisit entre les anesthésiques, proscrit le curare et range le chien, le chat, le cheval et l'âne, considérés sans doute comme plus amis de l'homme, dans une catégorie spéciale d'animaux qu'on ne pourra prendre pour objet d'expériences que si les autres ne peuvent, par leur conformation, servir à la recherche poursuivie. C'est, en deux lignes, en trer dans, le domaine propre de la science et de la sensibilité moralisatrice tout à la fois. :

Le respect de la vie humaine étant une des premières conditions de l'ordre public, nous admettrons encore qu'il ne doit jamais être permis de prendre un malade pour objet d'expérience. Son corps lui appartient, il ne serait point permis de voler un animal pour le disséquer ; mais le consentement ne nous paraîtra non plus, de ce point de vue, justificatif de toute expérience. Sans doute, le consentement du savant qui s'offre ne troublerait pas plus l'ordre public que le sacrifice de celui-ci qui s'inocule lui-même : on les admirera non sans inquiétude, dans le terrible sacrifice dont on se demande s'il est martyre ou suicide ; il n'y a pas à craindre que leur exemple provoque jamais une dangereuse contagion. Mais la loi ne peut entrer dans les motifs du consentement et admettre seulement à l'honneur du sacrifice des classes privilégiées de citoyens. Or des consentements douteux, des consentements achetés, — on a bien trouvé des hommes pour vendre leur sang à transfuser — créeraient un horrible marché de vivisection humaine ; je ne crois pas qu'on puisse imaginer quelque atteinte plus grave à l'ordre public : qu'on se souvienne des charniers des alchimistes que le Moyen-Age découvrait parfois avec terreur et si le fanatisme de sciences plus exactes admettait les mêmes procédés, il faudrait craindre que la même folie se développât, amenant les mêmes abominations et les mêmes réactions d'horreur.

Ce sont encore les mêmes principes qui devraient nous guider dans une étude qui n'avait pas sa place dans la partie consacrée au droit positif et que nous ne pouvons qu'indiquer.

Les sciences psychiques sont en train de poser à la loi de singulières énigmes : on s'est demandé souvent ce que le ministère public pourrait répondre à un criminel avouant son crime, mais prétendant avec vraisemblance l'avoir commis sous l'empire d'une suggestion invincible.

Au mois de juillet, la Cour suprême de l'empire allemand, la Cour de Leipzig, a eu à décider si un envoûtement constituait une tentative de meurtre : elle a répondu par la négative.

D'ailleurs, la suggestion à elle seule est un fait singulièrement grave.

« Eh quoi, dit Donnat à son ami le psychologue, tirer de « ce paquet de nerfs endoloris, qu'on nomme un sujet, assez « de personnages pour composer un roman, introduire à l'in- « térieur de son crâne autant de consciences variées qu'on « pourrait poser de chapeaux dessus, appelons les choses par « leur nom : c'est tout simplement tuer les gens pour les « remplacer par d'autres. L'idée d'un massacre ne se pré- « sente pas tout d'abord à l'esprit, puisque l'effectif des su- « jets reste compact ; pourtant il y a massacre puisqu'il y a « destruction de personnalités (1). »

Le jour où l'on réglementerait ces forces nouvelles, il pourrait être certaines pratiques qu'il faudrait réserver aux cas où l'utilité de leur but les justifie. Il peut en être aussi que le salut de l'ordre commande de ne tolérer aucunement.

Le droit de la loi va jusque-là : nous l'avons maintenu dans le cas intéressant et rare, celui où il faut se prononcer, à supposer qu'il soit vraiment en conflit avec l'intérêt de

(1) A. II, Sc. 3.

la recherche scientifique, et nous nous sommes prononcés pour l'ordre. Mais les conflits réels sont moins nombreux que certains ne paraissent croire et il n'y a point d'antagonisme général entre l'intérêt de la science et l'ordre social. Le conflit ne s'élève d'ordinaire qu'entre l'ordre et une pure passion, « la curiosité, improprement appelée la Science « mise sur un autel et faite centre du Monde (1) ».

Les sciences réclament sans doute la plus grande liberté pour leurs recherches, mais l'esprit humain ne s'affranchit pas de certaines contraintes naturelles sans danger pour les facultés d'attention et de prudence qui font seules les études profitables. Les recherches téméraires ont une ivresse spéciale et qui s'abandonne à leur plaisir défendu oublie bientôt le but utile qui les excusait d'abord et ne leur demande plus que ce plaisir même.

Historiquement, les grandes découvertes ont toujours été dues à des moyens que l'ordre et la morale avouent.

Ainsi se vérifie la concordance des lois de l'action, de la connaissance et de la nature : l'ordre divin du monde est un ; ce n'est pas en violant ses lois certaines qu'on en peut pénétrer les secrets encore inconnus.

(1) Ch. Maurras, *loc. cit.*

POITIERS. — IMPRIMERIE BLAIS ET ROY, 7, RUE VICTOR-HUGO, 7.